欢迎来到
怪兽学园

_____ 同学，开启你的探索之旅吧！

本册物理学家

马赫

献给所有充满好奇心的小朋友和大朋友。

——傅渥成

献给我的女儿豆豆和暄暄，以及一起努力的孩子们！

——郭汝荣

图书在版编目（CIP）数据

怪兽学园.物理第一课.5，花花虫谷的回声 / 傅渥成著；郭汝荣绘.—北京：北京科学技术出版社，2023.10
ISBN 978-7-5714-2964-5

Ⅰ.①怪… Ⅱ.①傅… ②郭… Ⅲ.①物理—少儿读物 Ⅳ.① Z228.1

中国国家版本馆 CIP 数据核字（2023）第 047053 号

策划编辑：吕梁玉		电　话：0086-10-66135495（总编室）	
责任编辑：张　芳		0086-10-66113227（发行部）	
封面设计：天露霖文化		网　址：www.bkydw.cn	
图文制作：杨严严		印　刷：北京利丰雅高长城印刷有限公司	
责任印制：李　茗		开　本：720 mm × 980 mm　1/16	
出 版 人：曾庆宇		字　数：25 千字	
出版发行：北京科学技术出版社		印　张：2	
社　　址：北京西直门南大街 16 号		版　次：2023 年 10 月第 1 版	
邮政编码：100035		印　次：2023 年 10 月第 1 次印刷	

ISBN 978-7-5714-2964-5

定　价：200.00 元（全 10 册）

5 花花虫谷的回声

声学

傅渥成◎著　　郭汝荣◎绘

北京科学技术出版社
100层童书馆

怪兽学园发起了"我爱大自然"主题活动，鼓励大家到户外去。在马赫的盛情邀请下，阿成和飞飞加入了他的小组，三人一起前往花花虫谷。

花花虫谷是个郊游的好去处。那里群山环绕，风景秀丽，漫山遍野盛开的鲜花香气扑鼻。一路上，小怪兽们高兴极了。

你好——

来到野外，马赫大口大口地呼吸着新鲜空气，飞飞兴奋地在花丛间穿梭。

看到远处的大山和山谷中流淌的小溪，阿成抑制不住兴奋之情，放声大喊"你好——"。神奇的是，他好像听到大山回应他"你好——"。

这个比喻好，不过要注意它们的两点不同哟！

①乒乓球看得见，摸得着；声音看不见，摸不着。

②乒乓球只朝一个方向反弹；声音会朝四面八方反射。

我又看不到声音，我怎么知道它是怎么传播和反射的啊？！

阿成感觉自己刚才被回声给耍了，有些不耐烦。

马赫刚想给他解释，阿成却心不在焉，和飞飞一起到花丛中扑蝶去了。

声音是以波的形式传播的，这种波叫声波。

阿成和飞飞发现了一只超大的凤尾蝶，本准备左右包抄抓住它。可没想到阿成用力过猛摔倒了，不仅没捕到蝴蝶，还把飞飞绊倒在地。

真讨厌！

我还是听马赫讲声波

听就听！

好啦好啦！
你们不要吵啦！

声波看不到，
但是水波可以看到。

马赫说完，从地上捡起一块石
扔进小溪。

石头落入水中，水面泛起层层涟漪。水波从中心点一圈一圈地向外扩散，形成了一个个同心圆。

你们看！声波和水波一样，也是这样向远处传播的。

阿成和飞飞也学着马赫，从地上捡起石头扔进小溪，想看一看扩散的水波。两人你一块我一块，玩得不亦乐乎，不一会儿又追逐打闹了起来。

忍！！

阿成和飞飞打闹的声音太大，引得在一旁钓鱼的老爷爷非常不满。二人有些不好意思，连连向老爷爷道歉。

不过，阿成和飞飞有些疑惑，水里的鱼儿真的能听到他们在岸上打闹的声音吗？他们决定向马赫求证。

水里的鱼儿真的能听见我们的声音吗？

的确能听到，声音不仅可以在空气中传播，也可以在水这样的液体中传播，还可以在固体中传播。

声音在不同物质中传播

①声音在气体中传播：阿成和飞飞正常交谈。

②声音在液体中传播：阿成和飞飞的声音吓跑了水中的鱼儿。

③声音在固体中传播：

A. 阿成在铁棒一端敲击，飞飞将耳朵贴在另一端可以听到敲击声。

B. 我们可以听到自己说话的声音，其实是声音通过头骨传播到了我们的耳朵中。

不一会儿，阿成又紧张了起来，他好像听到了什么奇怪的声音。

马赫笑了笑，耐心地给两只小怪兽解答。

花花虫谷环境这么好，是很多昆的理想家园。阿成和飞飞循着声音，快就找到了在树干上栖息的蝉。

这么小的蝉为什么可以发出这么大的声音？它的嗓子特别好吗？

阿成十分好奇，凑近观察起来，但飞飞却有些害怕。

蝉的发声原理

鼓膜　　鼓膜肌

是雄蝉在发出声音吸引雌蝉，告诉它们自己的位置。蝉没有声带，蝉的腹部有鼓膜。蝉收缩鼓膜肌，拉动鼓膜振动，发出尖锐响亮的声音。

我们是通过声带的振动发声的。说话时用手摸着自己的脖子，你们会感受到声带的振动。

马赫的话音刚落，阿成就开始尝试了。

哦！

啊！

啊！

啊！

哇！真的在振动！

那鸟儿是怎么发出声音的呢？

鸟的发声原理

鸟儿是通过鸣管发声的。鸣管由若干个扩大的软骨环和它们之间的薄膜——鸣膜组成。

气管
支气管
肺
气囊

气流通过鸣管时,鸣膜就会振动发声。

鸣膜

鸣管

原来如此!

阿成和飞飞无比惊讶，没想到薄薄的一层膜振动就能发出如此大的声音。马赫看到他们这么感兴趣，顿时来了兴致。

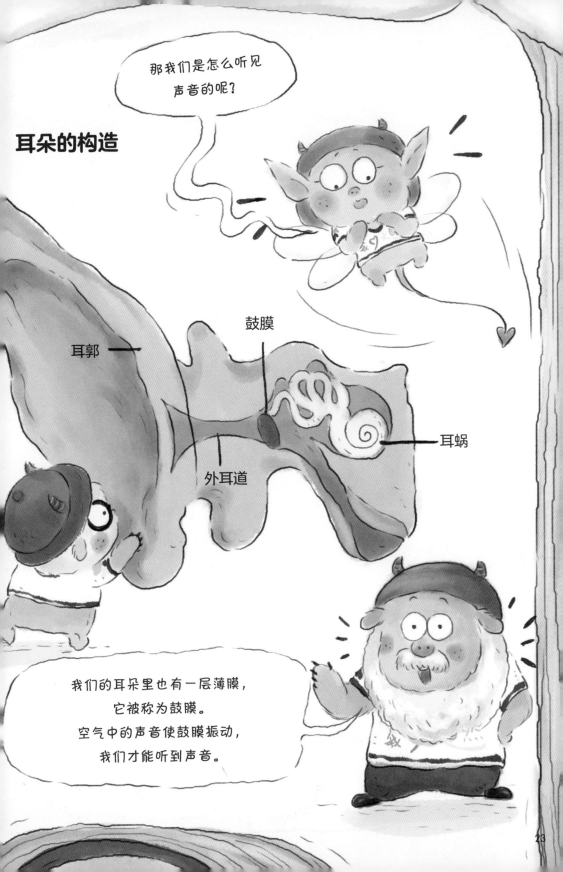

耳朵的构造

那我们是怎么听见声音的呢?

鼓膜

耳郭

耳蜗

外耳道

我们的耳朵里也有一层薄膜,
它被称为鼓膜。
空气中的声音使鼓膜振动,
我们才能听到声音。

　　夏日的午后，天气越来越闷热。三只怪兽玩得有些累了，懒洋洋地躺在野餐垫上休息。这时，他们注意到天边出现了乌云，看起来要下雨了。

要下雨了。

我们得赶紧回家。

飞飞和阿成话音刚落，天空中划过一道闪电，他们有些害怕，可是马赫却淡定地在一旁读秒，1秒、2秒……6秒，轰隆隆！读到6秒时，他们听到了打雷的声音。

不用担心，今天出发之前我看了天气预报，这场雨是雷阵雨，不会持续太长时间。我们可以先到不远处的小木屋避雨，等雨停后再回家。

　　听了飞飞的话，马赫感到十分欣慰，丝毫没有注意到自己的头发已经开始滴水了。

　　他们到小木屋后，外面的雨越来越大了。

　　三人相视一笑，异口同声道："我爱物理！我爱大自然！"

知识拓展

　　声音在空气中的传播速度大约为 340 米 / 秒。

　　许多战斗机可以以超过声速的速度飞行，并且历史上还出现过超声速客机 一般情况下，如果飞机的速度与声速相同，我们会说，飞机的速度是 1 马赫 如果飞机的速度是声速的 2 倍，我们就会说，飞机的速度是 2 马赫。

马赫 (1838—1916)

马赫是奥地利著名的物理学家和哲学家。他的物理学研究方向主要是光学和超声速流体力学。马赫提出了"马赫数"的概念。他指出，所有超过声速运动的物体都会出现"音爆现象"——从前端向后产生锥状的能量激波，这个过程中产生的力量和热量可能破坏该物体，因此在设计超声速飞行器时，必须要注意相关问题。马赫还提出了马赫原理，这一原理启发爱因斯坦提出了相对论。此外，马赫的实证主义哲学也影响了 20 世纪初的一大批物理学家，让他们能够大胆接纳符合实验事实的新物理原理，适应量子力学和相对论所带来的思维变革。

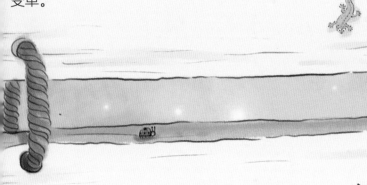

马赫也是速度单位。1 马赫即 1 倍声速，约 340 米 / 秒，相当于 20 千米 / 分或 1200 千米 / 时。

汽车、高铁的速度远达不到 1 马赫，所以马赫一般用于表示飞机、导弹、火箭的速度。